小户型的N次方

迷你型公寓

精品文化工作室 编

大连理工大学出版社
Dalian University of Technology Press

图书在版编目(CIP)数据

迷你型公寓 / 精品文化工作室编. — 大连：大连
理工大学出版社, 2011.11
　（小户型的N次方）
　ISBN 978-7-5611-6582-9

Ⅰ.①迷… Ⅱ.①精… Ⅲ.①住宅—建筑设计 Ⅳ.
①TU241

中国版本图书馆CIP数据核字（2011）第212655号

出版发行：大连理工大学出版社
　　　　　（地址：大连市软件园路80号　邮编：116023）
印　　刷：精一印刷（深圳）有限公司
幅面尺寸：210mm×285mm
印　　张：5
出版时间：2011年11月第1版
印刷时间：2011年11月第1次印刷
责任编辑：刘　蓉
责任校对：李　雪
封面设计：李红靖
版式设计：李红靖

ISBN 978-7-5611-6582-9
定　　价：24.80元

电　话：0411-84708842
传　真：0411-84701466
邮　购：0411-84703636
E-mail：designbooks_dutp@yahoo.cn
URL：http://www.dutp.cn

如有质量问题请联系出版中心：（0411）84709246　84709043

目录

小户型的 N 次方

迷你型公寓

单身多调

居室档案

地　　点：贵州
成　　员：1人
面　　积：58 平方米
设计风格：个性时尚风
空间格局：1房1厅1厨1卫
装修费用：6万
装修工期：28 天

设计要点：

1. 在这个狭长的空间里，设计师运用流畅的弧线来规划功能区，让人忽略掉空间的弊端，将优势放大。

2. 小空间同样想要奢华气质，设计师在这个小面积公寓中营造出了一份独有的奢华，同时又煞费苦心地让人忽略掉空间的面积问题。富有质感的材料与圆形的空间布置都各有道理。

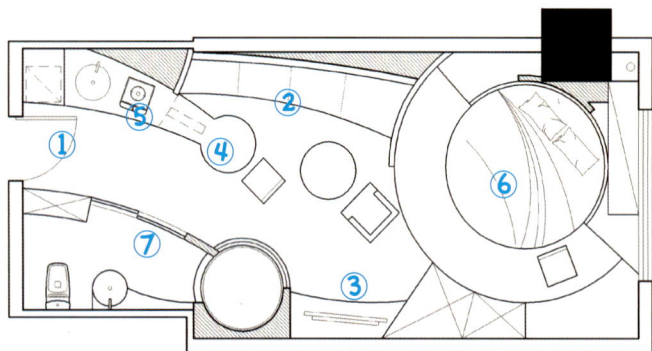

① 玄关
② 沙发区
③ 视听区
④ 用餐区
⑤ 厨房
⑥ 卧室
⑦ 卫浴间

客厅：
电视墙：墙纸
沙发墙：软包、镜面、墙纸
地　面：马可波罗砖

厨房：西奈珍珠石材、科勒洁具
卧室：柚木面板、
　　　毛绒地毯铺设地面

58m²

CASE.1

因为空间格局属于狭长型，所以打造出一个整体柜将餐厨空间合二为一，台面的尽头留出一个圆形的空间作为餐桌，既时尚又节省了空间。

CASE.2

各种瓷砖营造出极富质感的卫浴空间，此外，弧形墙也为空间增添了几分灵动感，让人过目不忘。

紫色的软包与沙发连为一体，打造出一面完整、独立的沙发墙，带给人舒适、安逸的心理感受。

CASE.3

曾涛：现任贵州峰上室内外设计工程有限公司设计总监，擅长家装与样板房的设计，对于小户型的设计也有自己独树一帜的见解，作品多次刊登于国内专业的杂志中。

设计师风采

圆形的吊顶是为了呼应圆形床而设计的，雅致的吊灯在特殊处理的吊顶上显出明亮的光晕，让人怀疑吊顶中是不是暗藏了灯饰。

CASE.4

古典仕女壁画与白色陶艺花瓶让空间充满了文化气息，在体验时尚生活的同时也强调了生活品位。

CASE.5

白色的卷纹在玫红色的幔帘上流露出金属般的光泽，提升了空间的气质，也为睡眠区营造出一份安逸。

CASE.6

圆形的床搭配白色的床品，显出雍容华贵的气质，设计师用一条白色的毛披风装点空间，让空间的气质更上一个台阶。

CASE.7

圆形的空间围合成一个专属的睡眠空间，幽暗的灯光营造出暧昧、迷离的氛围，让空间平添几分神秘感。

CASE.8

这套单身公寓以柔软起伏的流畅弧度，营造出婉约、连绵的浪漫氛围。同样是狭长的空间，设计师的巧妙规划，让人忽略掉原本的结构，只沉浸在美妙、流畅的空间中。拉开原本以为是窗幔的帘子，卧室独特的大圆床便立即呈现。起居空间多元一体，集沐浴、会客、餐吧、酒吧于一身，复合功能的巧妙衔接，使不大的空间功能完备。

轻熟女的低调奢华

居室档案

地　　点：中国台湾
成　　员：单身贵族
面　　积：40平方米
设计风格：现代美式
空间格局：玄关、客厅、餐厅＋书房、
　　　　　主卧室、主卫浴、更衣室
装修费用：8万
装修工期：30天

设计要点：

1、为避免进门看到厨房，设计师规划电器柜及收纳柜补足厨房收纳，同时也让厨房融入空间；背面以线板装饰，变成独立玄关，与高鞋柜作整体规划。

2、设计师在空间大量使用了反射材质，放大空间感。

3、打通卧室与餐厅的墙面，用线帘来增加空间通透感。

4、将书房与餐厅合二为一，节约空间的同时也增加了空间功能区，使空间能多功能地弹性利用。

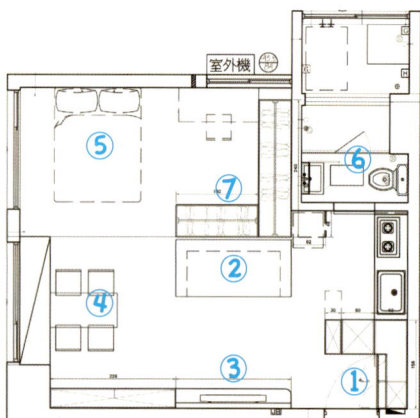

① 玄关
② 沙发区
③ 视听区
④ 餐厅＋书房
⑤ 卧室
⑥ 浴室
⑦ 更衣室

玄关：木作线板
客厅：
电视墙：线板框、进口壁纸
沙发墙：茶镜喷砂图花
地　面：超耐磨地板
卧室：进口壁纸
卫浴：南方松

40m²

CASE.1

设计师在电视主墙面处选择蒂芬妮蓝的提花壁纸，营造出雅致的浪漫氛围，并在对面的茶镜沙发背景墙上涂花，增添了空间设计感。天花板的饰板与水晶灯，凝聚了客厅空间主轴。

主体空间以白色线板包覆变化，连一旁的展示收纳柜及开放设计的厨具设备，也完整地融入到白色的美式线条中。

CASE.2

CASE.3

茶镜涂花、餐厅墙面成为客厅中画龙点睛的设计，柔和地反射室内风景，同时也放大了空间视觉感。

开放式的书房，不但是客人来时的聚会空间，也是用餐空间，让空间多功能地弹性利用；利用窗边的绝佳采光，可用餐可上网，弹性地调整生活步调。

CASE.4

华丽的公主风卧室里除了拥有收纳量充足的更衣室外，设计师还在半露天的观景阳台上设置了泡汤区，脚踩在南方松铺设的踏面上，心也跟着放松、轻盈了起来。

CASE.6

主卧采用粉色进口壁纸，衬出床头板造型，让空间主题明确。

CASE.7

为了实现屋主想要的更大的空间感，设计师拆掉了主卧室与餐厅的隔间墙，改以线帘隐约后方风景。来自两扇窗外的日光穿越摇曳的线条，丰富了两个场域的光影线条，不管在哪个角度，都能享受全方位的日光照射。收起线帘，则以地面的材质变化来区隔空间属性，不局限空间，让视觉保留穿透。

CASE.8
L形更衣室满足了屋主的收纳机能，同时也是化妆区。

单身贵族的私人空间，喜好华丽、浪漫风格，设计师利用线板呈现美式华丽。

屋主喜欢浪漫、美式，却又不想过多的碎花设计混淆视线，因此设计师仅在电视主墙面处选择蒂芬妮蓝的提花壁纸，带出雅致的浪漫氛围。40平方米的空间拥有玄关、客厅、书房＋餐厅、主卧室、更衣室、浴室、厨房等空间，空间小但功能齐全，让一个人与爱犬的单身生活很优雅、很有品位。

许芳荧：现任即作吉作室内设计设计师，擅长色彩运用、收纳设计及极简主义的温馨居室设计。

设计师风采

CASE.9

浴室局部面铺南方松，让泡澡空间悠闲惬意，心情放松。

惊鸿一隅

居室档案

地　　点：肇庆
成　　员：1人
面　　积：40平方米
设计风格：现代时尚风
空间格局：1房1厅1厨1卫
装修费用：8万
装修工期：40天

设计要点：

1. 设计师用流畅的手法规划设计，在这个小小的空间里划分出不少于大面积住宅的功能区，为住户提供了种类齐全的实用性能，可谓"麻雀虽小，五脏俱全"。

2. 黑色的地板与白色的上空，让空间比重得到很好的均衡，上轻下重的色彩让人觉得舒服而合理，同时也满足了住户简约风格的追求。

3. "龙骨"状的楼梯与半球形状的座椅是个性追求的最佳体现，在流露空间个性的同时也满足了现代都市白领的喜好。

一层

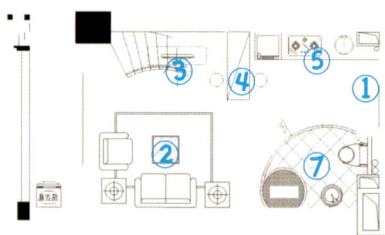

夹层

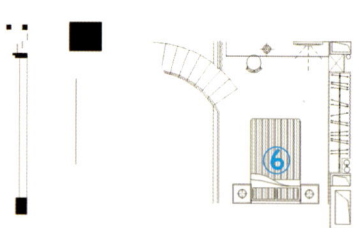

①玄关
②沙发区
③视听区
④用餐区
⑤厨房
⑥卧室
⑦卫浴间

客 厅：
电视墙：白色乳胶漆
沙发墙：挂画、白色乳胶漆
地　面：复合木地板、地毯
卧 室：乳胶漆墙面、钢化玻璃扶墙

40m²

CASE.1

楼梯下面的空间被充分地利用起来做电视背景墙，白色的矮几既可以是电视柜，也可以是物品陈列柜。

设计师风采

邹志雄：广州方纬装饰有限公司设计总监，清华大学建筑与设计创作专业研究生，国家注册高级室内设计师，作品常发表于各大媒体。

CASE.2

从入口处看这一道楼梯，宛如一根脊椎，支撑着整个空间，也支撑着整个家。

CASE.3

白色的双层茶几在半球状的座椅间显得尤为精巧玲珑，让这个小小的客厅空间生出无限趣味。

CASE.4

白色的半球座椅内里是红色的坐垫，趣味性的形态让人倍觉安全，同时红、白两种颜色也带给人视觉上的惊艳感。

CASE.5

白色烤漆板打造的楼梯由同样白漆的钢构架支撑，在空间里打造出一座灵动的桥梁，连接着上下空间。

透明的有机玻璃做成的栏杆保证了阁楼睡眠空间的安全性，同时也保证了上下空间在视线上畅通无阻的交流。

CASE.6

CASE.7

透明玻璃围合成独立的卫浴间，为了让人有安全感，还设置了红色的帐幔。拉上幔帘，就可以保证私人空间的私密性。
黑色马赛克拼贴出格子状的花纹，搭配黑色地砖，让整个空间流露出不似小空间的优雅、华丽。

在这个小户型空间中，设计师想要创造一种太空舱的感觉。功能齐全而且紧凑，最主要的是还要让空间显得轻巧、灵活。在这个单身公寓里，各功能区间没有明确的区隔，即便是卫浴间，也只是用玻璃罩独立开来，这样的设计不但没有保证个人私密性，反倒增添了几分魅惑。白色的旋转楼梯只有一根中轴承重，从背面看来，它就像是空间的一根龙骨，将复式小楼全力负荷起来，丝毫没有增加空间的沉重感，反增了几分轻灵、飘逸的感受，配合整个空间的色调，流露出优雅、清透的味道。

铁皮匣子

地　　点：中国台湾
成　　员：2 人
面　　积：45 平方米
设计风格：都市时尚风
空间格局：1 房 1 厅 2 卫 1 阳台
装修费用：6 万
装修工期：26 天

设计要点：

1. 铁皮屋以简明的格局示人，非黑即白的线条勾勒出干净、明快的局面，少了色彩的干扰，呈现出素描般的雅致。

2. 重新整理过的格局，将原有的走道空间规划进客厅与主卧两大区块，节约出来的空间通过开放式动线让视野更加开阔。

3. 透过吧台设计，在立面中特别做入前半部的电话置物柜及后半部的冰箱区块，七十厘米的深度将冰箱的突兀感藏于白色基底中，特殊漆料跳色中，通过门片上镜面的引导，带领人的视线进入主卧领域。

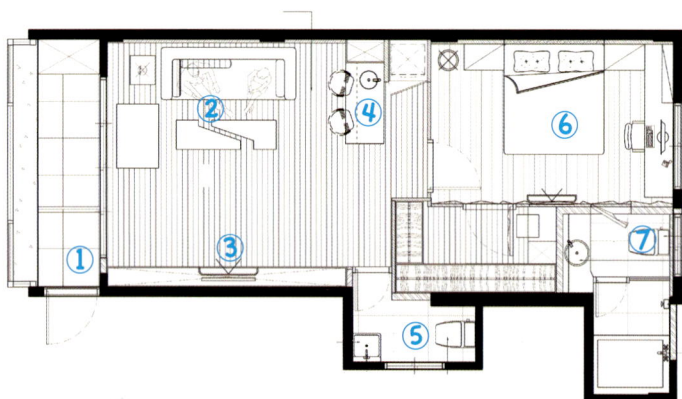

①玄关
②沙发区
③视听区
④用餐区
⑤卫浴间 1
⑥卧室
⑦卫浴间 2

客厅：
电视墙：黑色烤漆玻璃色块、
　　　　烤漆玻璃
沙发墙：黑色烤漆玻璃色块
地　面：超耐磨地板
卫浴：仿古砖

45m²

黑色烤漆玻璃色块暗藏饱满的收纳及卫浴门片，考虑到客人来访的机动性，机柜旁还量身定做了活动单椅，收于无形的活动设计更是提升了空间的变化度。

烤漆玻璃与白色美耐板构造的吧台让人体验简约主义带来的明快感受，既休闲又凸显优雅气质。

CASE.2

CASE.3

黑白简色的空间简洁明快，就像是一幅素描，快速而准备地表达着空间感受。

玻璃门片搭配黑色石材，将一个清透、洁净的空间呈现在人面前，让人用得放心、舒心、开心。

在这个不大的空间里，设计师以大片落地玻璃切割出密闭式阳台，既是观景平台，又充当着入户玄关的过渡空间。纵横向的柜体收纳做足了鞋柜机能，既是大容量收纳的好去处，又满足了入户换鞋等需求。此外，设计师考虑到屋主未来养狗的计划，还贴心地挑选了烤漆玻璃门片，增加实用性的同时保证了空间的美观。室内的结构简单、明晰，大幅的收纳柜体让室内空间保持着完整统一，就像是一个铁皮匣子，慢慢地打开，便会变幻出无穷的惊喜。

CASE.5

门片上镜面的引导，引导人进入主卧。一点点的变化，即使是平凡的黑与白，也可让铁皮屋变身都会时尚宅邸。

白色的餐台上安装着金属水龙头，金属质感在光洁的台面上显得极为雅致，一台多用，既方便又节省空间。

CASE.6

设计师风采

吴建宏：现任研宇整合设计设计总监，设计理念为：设计是一种服务业，我们以最高的专业能力与服务热诚，为客户提供全方位整合的服务，完善的规划、高品位的设计、详细的解说、贴心的配合、精确的预算控制，为客户打造最理想的使用空间。

卧室里的墙壁同客厅的沙发背景墙、电视主墙一样，运用沟缝或是接缝，创造出无尽蔓延的线条，延伸空间视觉。 CASE.7

CASE.8 黑、白色在墙面上流畅刻画，即便是窗边阅读区也是如此，同样的暗门设计，床尾电视主墙后则收纳了更衣室及卫浴空间，设计师藉由双动线规划让空间质感更为利落。

圆梦小屋

居室档案

地　　点：贵州
成　　员：1人
面　　积：58平方米
设计风格：田园风
空间格局：1房1厅1厨1卫
装修费用：6万
装修工期：28天

设计要点：

1. 这是一个针对都市精英的设计，他们在武装、角逐、紧绷后，心灵急需一个释放口，让他们能沉淀所有的负面情绪，保留积极的一面，让他们重新点燃对生活的激情，继续面对一切挑战。

2. 简洁的线条、流畅的设计让这个空间变得充满活力，掩盖掉硬质建筑带给人的冰冷和呆板，让人体验真正属于自己的时间和处所。

3. 朴实、自然的实木与雅致的鲜花、绿植让这个小空间充满生机与活力，在这样的空间中，人们学会坦诚面对自己，真正地放松心情，释放所有的压力。

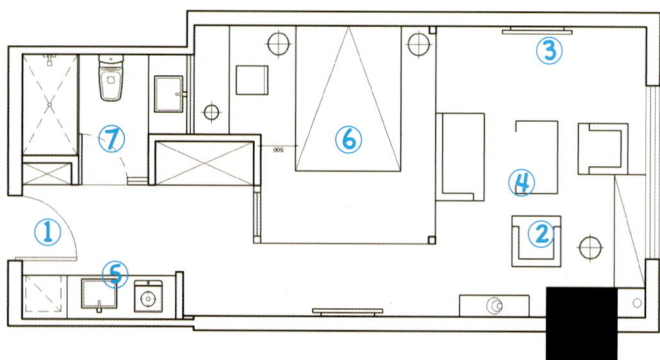

①玄关
②沙发区
③视听区
④用餐区
⑤厨房
⑥卧室
⑦卫浴间

玄　关：艺术透光玻璃
客　厅：
电视墙：镜面
沙发墙：碎花墙纸
地　面：格子纹木地板
卧　室：绒布软包床头墙
卫　浴：雕花砖

58m²

小小的厨房足可满足一个人的生活需求，灶台下面的储物柜是锅碗瓢盆的最佳收藏地，既保证了空间的整洁，又满足了收纳的需求。

CASE.2

每个女孩都做过公主梦，每个女孩都对轻纱飘扬的场景有过幻想，在这里，设计师帮我们实现这一个凤愿，让曾经出现在梦中的场景化为现实。

CASE.3

玻璃与美耐板将整个睡眠区独立起来，让其成为独立而不孤立的区域，创造了专属空间。

CASE.4

罗马里奥砖铺设的地板让空间产生一种迷离感，也让空间的表情更为丰富。

CASE.5 浅黄色的软包设计搭配白色的床品，让空间流露出女性的柔美、婉约，让人毫不吝啬地夸赞它带给人的舒适享受。

CASE.6 紫色作为空间的跳色，为这个温婉的睡眠区增添了几分华丽、优雅，让空间显得更有气质。

曾涛：现任贵州峰上室内外设计工程有限公司设计总监，擅长家装与样板房的设计，对于小户型的设计也有自己独树一帜的见解，作品多次刊登于国内专业的杂志中。

设计师风采

CASE.7 睡床的旁边辟出一块地方，既做梳妆台，又做书桌使用，一个人的空间，任其自由发挥，无人可以置评。

CASE.8

别致的吊灯是空间不可多得的装饰品之一，在没有复杂吊顶的天花板上营造出一片光明，带给空间些许活力。

CASE.9

鲜花绿植将这个空间布置得如同花房般绚丽，点缀上一些富有质感的花瓶和工艺品，提升了空间的品位。

灰色的条纹沙发搭配碎花地毯，让空间不再寂寞，在这简约中透着优雅的空间里人也不会觉得寂寞，自娱自乐又有何不可？

CASE.10

在这个忙碌喧嚣的城市中，人们总会觉得疲惫不堪，对生活、对工作的激情在走出办公室的那一瞬间便消失殆尽，渴望着家的温馨能抚平心中的厌倦情绪。在这个小小的居所里，设计师通过他巧妙的构思和设计，将一个充满雅致花卉、敦厚实木家具的单身公寓呈现在房主面前。让屋主在这个属于自己的小窝里，随意释放自己的情绪，无需任何掩饰，诚实地面对自己的喜怒好恶，重新激发出对生活的热情。

梦入京华

居室档案

地　　点：武汉
成　　员：1人
面　　积：40平方米
设计风格：时尚简约风
空间格局：1房2厅1厨1卫1阳台
装修费用：4万
装修工期：37天

设计要点：

1. 因为是小户型结构，所以设计去除繁复的格局和绚丽的色彩，保留质朴、自然的一面，用素雅的色调营造大空间的通透、明快，达到在视觉上延伸空间的效果。

2. 因为空间结构简单，所以只是用一些柜体来作为空间隔断，再通过空间格局布置划分出不同的功能区，让空间显得整洁有序，同时也体现出屋主的个性与品位。

3. 在材料的选择上，多使用具有光洁表面和反光作用的砖和镜面玻璃，提升空间质感的同时也增加了空间的光明度。

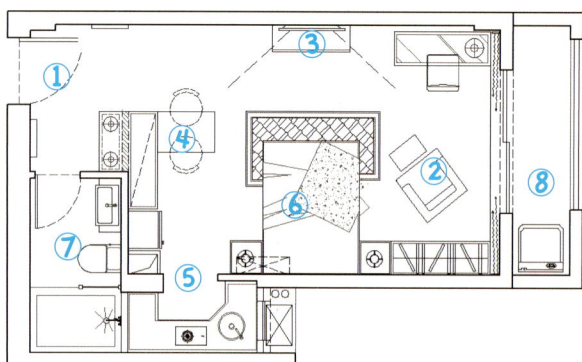

① 玄关
② 沙发区
③ 视听区
④ 用餐区
⑤ 厨房
⑥ 卧室
⑦ 浴室
⑧ 阳台

玄 关：玄关柜、钢化玻璃
客 厅：
电视墙：高档肌理墙纸
地　面：复合木地板
卫 浴：仿石纹砖

40m²

CASE.1

白色的书桌让人感觉冷静而优雅，搭配透明的座椅，让人从心里感觉到轻灵、飘逸。

CASE.2

金属质感的器皿越来越多地成为室内空间必不可少的装饰品，其优越的质感和雅致的造型都能成为人们眼中的亮点。

CASE.3

五彩缤纷的圆圈让这个小区域显得亮丽夺目，白色的简易柜台既是空间的隔断，又是餐台和休闲吧台的所在，可谓一物多用。

CASE.4

因为空间没有隔断墙，所以柜体便成为分隔空间最好的工具，这里的柜体不但是出入口的展示柜，同时也是多功能的储物空间之所在。

CASE.5

花篮状的灯饰可谓是用心良苦，既要造型优美，又要简洁实用，这样的装饰贵在精而不在多，只要一处，点到即止。

CASE.6 量身定做的橱柜带给人熨帖、舒心的感受,在这个小小的空间里流露出浓浓的温馨气息。

张纪中：现任张纪中室内建筑设计设计总监，资深室内设计师，武汉2007年度十大最具影响力设计师及十大最具实力设计师。

设计师风采

CASE.7

深色马赛克在卫浴间拼贴出一圈腰线，为单调的空间营造出一点点变化，让人更觉舒适。

根据业主的年龄及个性，设计师用"重软装、轻硬装"的手法体现出精装小户型的实用性，并采用黑、白、灰三色相互搭配来表现空间的个性，以此来彰显屋主的品位追求。小空间无需繁杂的设计与绚丽的色彩，只用简洁的色块修饰空间，利用灰镜等反光材料从视觉上扩大空间，少而精、简而明的装饰手法让空间显得简洁、明快，同时也凸显出空间的时尚、个性。

深灰色的格子床品有着中性色彩，既可以是冷硬的男性做派，又可以是冷静、干练的白领气质。

CASE.8

午后微醺

居室档案

地　　点：中国台湾
成　　员：1人
面　　积：64 平方米
设计风格：现代简约风
空间格局：1房1厅1书房1厨1卫
装修费用：7万
装修工期：40天

设计要点：

1. 设计师在与业主沟通其实际需求后，将原有格局进行重新拆解、组构、规划、设计，使空间需求与动线流畅度不受既定空间架构的影响，更使空间感在视觉引导下放大、延伸。

2. 餐厅、客厅采取开放式流通空间设计，并以偏西方空间美学设计法，将餐厅置于入口大门前区，与传统格局中客厅多置于前区不同，这样便可解决屋主大量书籍的收纳问题，同时客厅空间后置，还可将窗外的美丽风景纳入室内。

3. 客厅电视主墙不用传统高墙或柜来阻隔空间，而是采用视觉可穿透的高度设计，保留了视觉的通透流动感。

原始平面图

改造后平面图

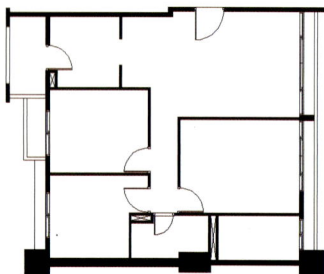

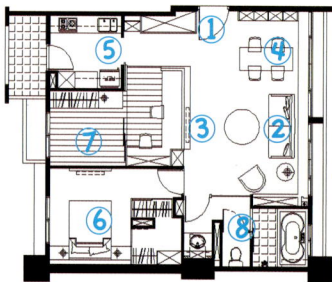

① 玄关
② 沙发区
③ 视听区
④ 用餐区
⑤ 厨房
⑥ 卧室
⑦ 书房
⑧ 卫浴间

客厅：
电视墙：木造型白乳胶漆
地　面：抛光地砖
卧室：木作包布、米色乳胶漆
书房：复合木地板地面

64m²

CASE.1

半高的电视墙保留了视觉通透流动感，让家人的交流、互动来得更为便捷和随意。
位于电视主墙后方的书房，藉由木作立体板板区隔空间性质，在小空间住宅中除可满足空间的需求，还可营造出视觉上宽敞的流动与延伸性。

CASE.2

客厅采用西式家具摆设方式，三人座皮革沙发、不锈钢管茶几搭配经典单人椅，简单的摆设让空间没有拥挤感。

CASE.3

餐厅里多选用金属质感和透明材质来营造一份明净、亮丽，让整个空间显得通透而清爽。
餐厅设置在大门前区，解决了屋主大量书籍的收纳问题，在空间中形成一面真正的文化墙。

CASE.4

整体橱柜以其流畅的线条和富有质感的材质表现出空间的气质：明净而高雅。

洪茂杰：现任 JD
杰森空间设计设
计总监，擅长色
彩运用、收纳设
计及极简主义的
温馨居室设计。

设计师风采

CASE.5

半墙形式的隔断让这个小书房显得
独立却不窒闷，在保留了通透视线
的同时也保持着家人间的互动、交
流。

CASE.6

书房与次卧室以拉门界定空
间，内部设计以强化收纳功
能为主，并预留孩子的成长、
发展空间，是小空间弹性处
理的优良设计方法。

此个案在规划上将原有的三房两卫浴格局完全打破，重新规划出两房一卫浴的格局。少了一个房间的机能，却放大了客厅与餐厅的空间面积。客、餐厅与书房之间仅以半高电视墙作为区隔，三个空间在视线水平面上完全没有阻隔，让面积不大的室内空间看上去有着大面积格局的空间感。在与业主沟通交流之后，设计师为屋主保留了面对学校绿色操场的视野景观，并运用无压空间组成观点，深化空间本质，成果令人眼前一亮。

浴室设计除了讲究现代感，还有着贴心的安全考虑，利用水冲面岗石的粗糙面增加地面的防滑功能，与光面岗石搭配，使整个浴室的灰阶色调显出时尚感。

CASE.7

居室档案

地　　点：肇庆
成　　员：1人
面　　积：40平方米
设计风格：时尚简约风
空间格局：1房1厅1厨1卫
装修费用：5万
装修工期：30天

清婉

设计要点：

1. 现代简约风格是室内设计的首选方案，因为较小的面积不适合繁琐的设计及奢华的装饰，反而是越简单越能体现出它的风格与品位。

2. 悬挂式的楼梯用钢构架承重，既节省了空间，又显得轻巧、灵便，为空间增添了几分灵动的气息。

3. 素淡的色彩为室内的采光创造出很好的基础，搭配原木色，轻重得宜，同时也为空间增添了自然气息，给人营造了舒适、轻松的氛围。

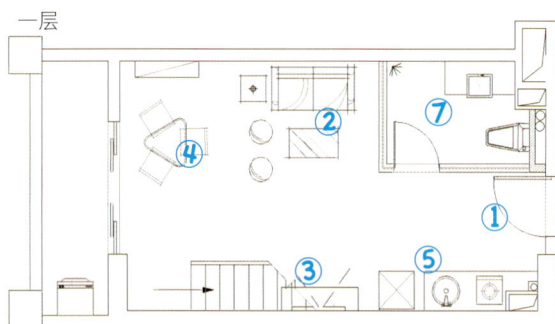

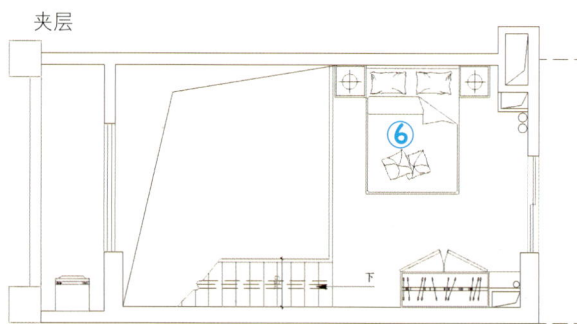

一层

夹层

①玄关
②沙发区
③视听区
④用餐区
⑤厨房
⑥卧室
⑦卫浴间

40m²

客厅：
电视墙：白色乳胶漆、收纳搁板、金框挂画
地　面：抛光地砖
卧室：复合木地板、雾面玻璃

CASE.1

白色的餐桌在一定的时候也充当书桌，一个人的空间自由自在，一物多用是最优配置。

有色的透明灯罩将白色的强光削弱成适合眼睛的暖光，空间的氛围也因此变得温馨、柔和起来。

简易的书架和壁画将留白的墙壁装饰一新，既丰富了墙面形态，又有一定的装饰作用，可谓两全其美。

CASE.3

黑漆的钢构架让复式阁楼上的景象全部呈现在人们眼前，同样的，在卧室里也能尽观客厅里的景象，互为风景。

CASE.4

悬臂式的楼梯由一根钢构架从中支撑，让其显示出轻盈的姿态，同时也让空间气质显得飘逸、灵动起来。

CASE.5

CASE.6

清玻璃的茶几表现出轻盈的气质，搭配富有质感的装饰品，空间的氛围和气质都得到了很好的提升。

这是一个小复式楼，为屋主提供了一个独立完整的睡眠空间，仿若与世隔绝，只有自己一个人。随意挥洒，自由泼墨，都在自己的小窝里得以实现。在这个复式楼里，一切都可以透明化，设计师要创造的就是这样一种氛围：回到家中，卸下一身的疲惫，也退掉满身的包裹，将那些累赘和繁琐都隔绝在门外。进到这里，你可以随意着装，也可以肆意奔走，因为这是属于你的、专属的、独立的小窝。

透明玻璃将卫浴间围合成一个独立的空间，营造出似隐非隐的感觉，让空间平添几分魅惑力。
CASE.7

透明的清玻璃茶几在深色绒毛地毯上将存在感降低到最低，让空间产生轻盈、飘逸的感受。
CASE.8

邹志雄：广州方纬装饰有限公司设计总监，清华大学建筑与设计创作专业研究生，国家注册高级室内设计师，作品常发表于各大媒体。

设计师风采

CASE.9

白色的纱帐搭配白色的床品，让空间生出几分飘逸、灵动，整个空间也因此生动、柔和起来。

刺玫瑰

居室档案

地　　点：贵州
成　　员：1 人
面　　积：66.84 平方米
设计风格：欧式极简风
空间格局：1 房 2 厅 1 厨 1 卫
装修费用：9 万
装修工期：37 天

设计要点：

1. 这是一个针对当下追求个性与时尚的年轻人的设计，小户型加完美设计让人比较容易接受，同时也能充分满足其心理需求及经济负荷能力。

2. 黑色在这个空间里任意挥洒，奠定冷酷、个性的基调，富有质感的软装饰品与金属质感的物品相搭配，将现代时尚表现得淋漓尽致。

3. 在步伐匆忙的现代，人们越来越需要倾听内心的呼唤与心底的渴求，需要一个可以表达情绪的空间，个性而有创意，即便被说成是带刺的玫瑰，那也无所谓。

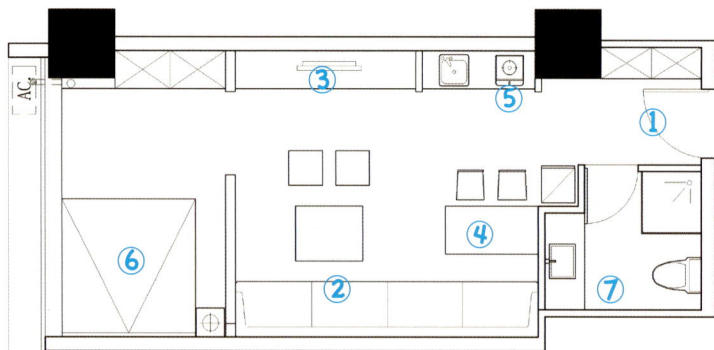

①玄关
②沙发区
③视听区
④用餐区
⑤厨房
⑥卧室
⑦卫生间

客厅：
电视墙：西奈珍珠石材
沙发墙：鳄鱼皮软包、不锈钢
地　面：罗马利奥砖
餐厅： 镜面、鳄鱼皮软包斜拼
厨房： 科勒洁具

66.84m²

电视墙上的柜体是黑色的，但是用白色做了镶边，既突出了重点，又为空间增添了一些变化。

棕色系的方格地毯让黑色的沙发区显得迷离却不凌乱，黑色的茶几拥有金属般的质感，通过空间反射更显精彩。

CASE.2

黑色的个性饰品呈现出琉璃般的光泽，加深了这个以黑色为主的空间的质感和光感。

金属质感的餐桌椅为这个空间增添了几分冰冷的气质，让这个小小的空间显得酷感十足。
银光闪亮的座椅流露出新古典的气质，在这个时尚当道的空间里表现出优雅、华丽的一面。

CASE.4

经典的外国电影剧照是空间里引人注目的风景线，隔栅形成的空间隔断似隔非隔，增添了几分意犹未尽的感觉。

CASE.5

曾涛：现任贵州峰上室内外设计工程有限公司设计总监，擅长家装与样板房的设计，对于小户型的设计也有自己独树一帜的见解，作品多次刊登于国内专业的杂志中。

设计师风采

水晶吊灯、镜面墙、黑色软包，这些材料结合在一起，形成了一个冷感十足的空间，营造出迷离、时尚的现代都市生活。

CASE.6

米色调的空间让人倍感舒心，在这个黑色当道的空间中营造出一个特别的所在，表现出空间另一个特质：优雅且温婉。

银色的镜边有着优美的皱褶和金属特有的质感，衬着黑色的花瓶，表现出优雅、华丽的空间气质。

CASE.8

我们通常会赋予空间某些气质，其结果是展现设计的灵魂。比如此间中，黑色在这里自如挥洒，鳄鱼皮得到大面积的运用，不锈钢闪闪发光，水晶吊灯如此精美，琉璃饰品那么娇贵……如此酷而俏的公寓，即便是尊贵的新西兰奶牛皮也要甘拜下风。

轻舞飞扬

居室档案

地　　点：苏州
成　　员：2 人
面　　积：60 平方米
设计风格：自然简洁风
空间格局：1 房 1 厅 1 厨 1 卫
装修费用：7 万
装修工期：26 天

设计要点：

1. 将所有的生活功能合理地揉进这个只有 60 平方米的双层盒子里，让整体空间体现舒适并有设计感的生活氛围，同时达到宽敞、实用的户型诉求。

2. 设计师将阶梯与展示架的功能相结合，让原本单一的功能形式产生变化。实木踏板延伸至阶梯侧面成为长短不一的展示层板，楼梯整体用茶镜装饰，使它显得更加轻盈、通透。

3. 家具选择了较为轻松并且贴近地面的设计，避免让空间显得拥挤。电视墙采用了兼具储物及展示功能的单元柜体设计，有效地强化了户型的功能性，并体现出了住户的个性。

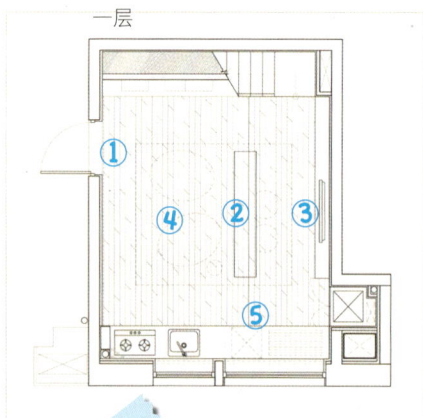

一层

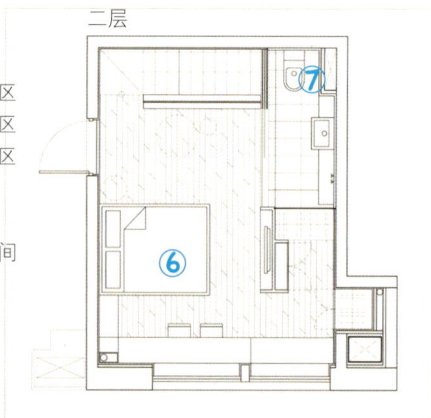

二层

①玄关
②沙发区
③视听区
④用餐区
⑤厨房
⑥卧室
⑦卫浴间

客厅地面：白橡木实木复合地板
厨房台面：白色颗粒人造石、
　　　　　白色高光烤漆板
卧　　室：壁纸
卫　　浴：玉砂玻璃移门
楼　　梯：欧洲茶镜墙面、
　　　　　指接木实木阶梯踏板 + 展示板、
　　　　　12mm 钢化玻璃隔断

60 m²

CASE.1

半圆状的个性座椅为空间带来了几分酷酷的动感，搭配白色绒毛地毯，更显优雅气质。

通长的厨房台面拥有足够的操作空间，并可以当作休闲吧台使用，或忙或闲，都有无限乐趣。

楼梯侧面的双层高墙采用镜面处理，不但能够让上楼的空间显得更加宽敞，并且在视觉上将户型空间延伸、扩大。

CASE.2

实木踏板延伸至阶梯侧面成为长短不一的展示层板，搭配茶镜装饰与不锈钢丝护栏，让楼梯更显轻盈、通透。

CASE.3

隔断上设计了烤漆层板来展示
住户的个性生活。层板及展示品
犹如悬浮在空中，并在镜面背景
的衬托下体现出强烈的层次感。

CASE.4

开放式的卫浴间成为卧室的一部
分，因此卫浴间多使用玻璃材质，
既增加了空间的透光性，又保证
了空间的通风、透气。

CASE.5

沿墙而设的工作台转折成为休闲窗台，提供了一个休息或看书的角落，流畅的线条徜徉于整个空间，让人倍感舒适。

CASE.6

这是一个仅有60平方米的复式小户型，虽然是单身公寓，但是该有的生活功能一样也不能少。设计师将一楼的厨房及二楼的工作台设置在窗边，让其成为客厅及卧室空间的一部分。这样一来，厨房和工作间便有了足够的采光，并且在不影响实用功能的前提下将有限的空间最大化。此外，一楼客厅及二楼卧室在空间上尽量保持了它们的整体性，不做任何分割，保持了空间的开阔感，带给人舒适、自在的感受。

卫生间与更衣室之间采用玻璃隔断，大大提升了原本为暗卫的采光度及通透感。

CASE.7

王士龢：现任上海塞赫建筑咨询设计总监，出生于台湾台北，从小在新西兰居住超过12年，并从奥克兰大学获取了建筑设计学士学位，2006年成立了自己的设计公司。

设计师风采

鸿景锦园公寓

居室档案

地　　点：肇庆
成　　员：1人
面　　积：40平方米
设计风格：时尚简约风
空间格局：1房1厅1厨1卫
装修费用：5万
装修工期：42天

设计要点：

1. 设计师让时尚和怀旧两种完全不同的风格在这个空间里发生碰撞，然后又奇异地融合在一起，打造出一份不同寻常的优雅、时尚。

2. 同样都是现代新材料，红色烤漆柜、暗红色的橱柜和仿古砖的墙体却在感觉上形成鲜明的对比，将新旧两种不同感觉融合在一起，让人生起怀旧的情绪。

3. 黑、白、红、黄四种主色为这个空间平添了几分温馨和华丽，空间虽小，华丽的气质却不减反增，让人感叹设计的魅力。

一层

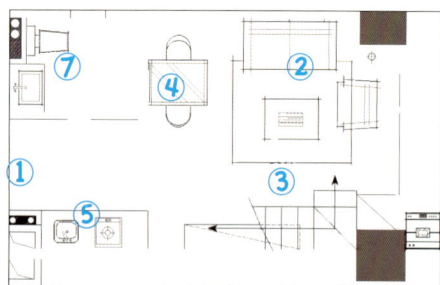

夹层

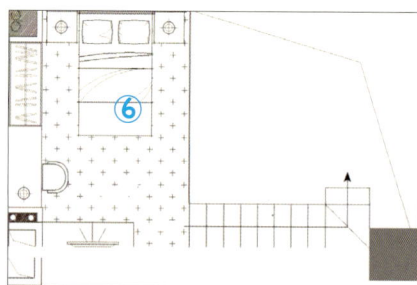

①玄关
②沙发区
③视听区
④用餐区
⑤厨房
⑥卧室
⑦卫浴间

客厅地面：锈板砖
餐厅墙：木纹砖
卧室：地毯、钢化玻璃墙
卫浴：地面仿古砖、
　　　墙面仿石纹砖

40m²

邹志雄：广州方纬装饰有限公司设计总监，清华大学建筑与设计创作专业研究生，国家注册高级室内设计师，作品常发表于各大媒体。

设计师风采

CASE.1

灯光同样是空间的一个主角，它起着烘托空间氛围的重要作用，厨房走道一字排开的三盏灯起着指引作用，餐台上面的灯光则起着烘托休闲氛围的作用。

CASE.2

仿古砖的墙体打造出一个独立的卫浴间，在时尚空间里书写了怀旧的氛围，将新旧两种不同的风格在此融合成个性、时尚。

小小的餐桌犹如悬浮在空中，带给人奇妙的心理感受，搭配高脚座椅，有种休闲吧的氛围，让人倍感悠闲、自在。

CASE.3

五彩的水粉涂抹成一幅抽象壁画，在白色的墙面上营造出一种花开缤纷的朦胧感，很好地协调了空间氛围。

CASE.4

厚重的双层幔帘将阳台隔绝在外，拉开帘子将室外的风景纳入室内，为小小的空间增添了无限风光；合上帘子，便自成静谧、优雅的一隅。

CASE.5

红色的电视柜呈现出大理石般的光感和质感，在白色墙体的衬托下显得愈发亮眼，带给人惊艳的感觉。

CASE.6

实木板的楼梯流露出全木的质感，中轴用木皮包装，在白色墙面的映衬下呈现出原木的朴实感，带给人自然、亲近的感觉。

CASE.7

同样的格局、不同的风格营造出不同
感受的住宅。在同类户型的设计中，
设计师运用同种布局打造出各种不同风
格的家居空间，体现出设计的高明之处。
在这个住宅中，设计师要创造的是一种
新式空间里带有一点点怀旧感觉的氛围。
红色的烤漆柜和仿古砖结构的墙体形成
鲜明的新旧对比，新奇却不突兀，让人
感受时尚的同时心怀念旧的情绪，也是
一种不错的心理体验，在这个猎奇的时
代，满足了一下人们心中小小的愿望。

CASE.8

做旧的地板与仿石纹的墙面将卫浴间打造成一个怀旧式的空间，
搭配白色的洁具，显露出富有个性的优雅气质。
红色的仿旧柜体流露出岁月的痕迹，为这个书写着个性的空间添
上了画龙点睛的一笔。

CASE.9

白色的帐幔、床品搭配褐色的绒地毯，让整个空间流露出
女性柔美、温婉的气质，顿生舒适之感。

浪漫的邂逅

设计要点：

1. 餐厅与厨房一体化，是如今的一种潮流趋势，同时也彰显了便捷、实用的居家理念。

2. 欧式风格的家具与中式风味的工艺让这个空间表现出亦古亦今、中西合璧的混搭模式，各取所长，为空间营造出浪漫、优雅的氛围。

3. 简洁、流畅的线条让空间显得明快、干脆，加上画龙点睛的装饰品，扮靓了整个空间，也点燃了人们心中对生活的热情。

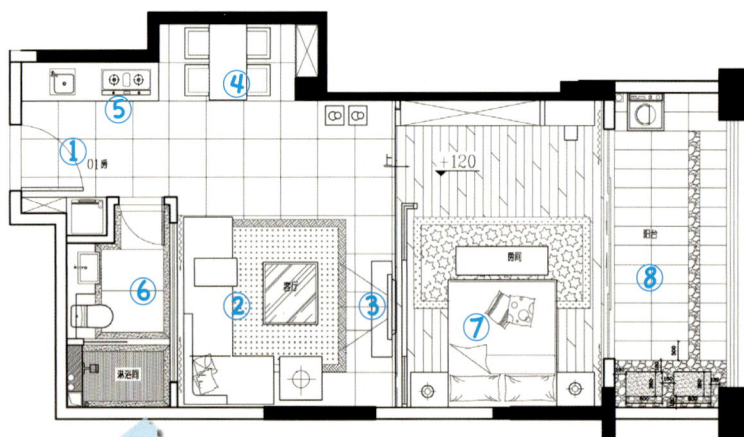

① 玄关
② 沙发区
③ 视听区
④ 用餐区
⑤ 厨房
⑥ 卫浴间
⑦ 卧室
⑧ 阳台

玄　关：雕花板
客　厅：
电视墙：木通花喷白漆、钢化玻璃
地　面：抛光砖
餐　厅：灰镜
卧　室：橡木复合木地板

60m²

白色的镂花隔断尽显中式家居的韵味，加之可以梭动的结构，让空间更显灵活生趣。

不同规格的相框拼合成一个规整的形状，为单调的墙面增添了几分艺术气息和文化韵味。

CASE.2

餐桌一边是酷黑炫亮的餐边柜,另一边设置有红酒柜,平时放置美酒、酒具和各种小零食,方便实用。

CASE.4

欧式餐具及精致的烛台打造出一个高雅的进餐环境,让小空间也享受到豪宅的品位与情趣。

CASE.5

卷草形式的雕花让平面化的墙体不再单调、枯燥,加上一些富有意味的个性饰品,整个空间流露出一种不俗的气质。

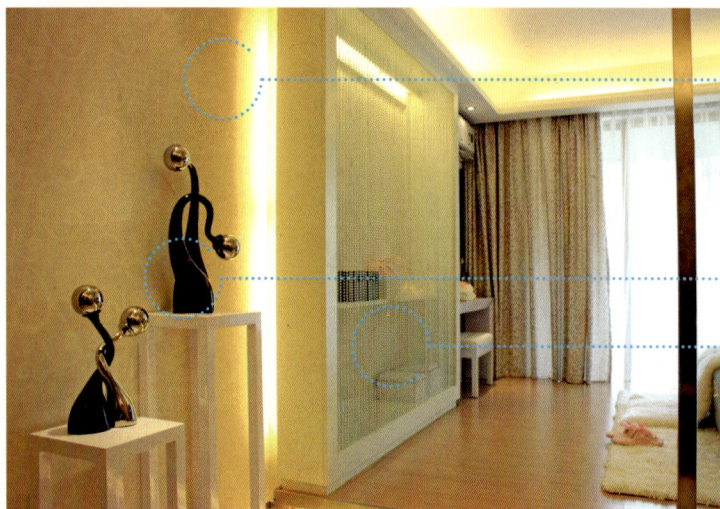

CASE.6

纯洁的白色为主色调,黑色的装饰品与之形成鲜明对比,突兀中流露出个性美。

珠帘的运用带给人似隔非隔的朦胧感,同时也使空间显得通透,还增添了柔美的气质。

CASE.7

白底的素色壁画搭配白色的床品，又用红色抱枕形成视觉焦点，浪漫与惊艳的感觉同时涌现。

推 开房门，入眼的便是干净、整洁的厨房，这多少会让人心情舒畅些，再进来便是优雅、素净的餐厅，搭配酷黑炫亮的餐边柜和红酒柜，视线可以畅通无阻地到达任何区域；优雅婉约的客厅、浪漫温馨的睡房、若隐若现的阳台风光……空间运用整面墙的灰镜让视线得以延展，无形中扩大了空间的视觉范围，让人忽略掉空间小的现实，只沉醉于浪漫、温馨的家居氛围中。

黄东琪：现任广州黄东琪工作室设计总监，广州十大最受尊崇室内设计师之一，对样板房与住宅的设计有较深的理解。

设计师风采

身心合一·归

居室档案

地　　点：中国台湾
成　　员：1 人
面　　积：50 平方米
设计风格：自然简约风
空间格局：1 房 1 厅 1 厨 1 卫
装修费用：7 万
装修工期：28 天

设计要点：

1. 没有客户诉求，只有自我追求的房子因为添加了人的感情和思考而多出了几分人情味，设计师想要给心灵和身体同时安个家，所以完全按照自己的喜好来设计。用白色的主调搭配浅色木材，打造了一个素色、优雅的空间。

2. 卧室的外围上下都安装了轨道，设置了可以移动的门板，创造出不同的可能性，同时也保证了睡眠空间的私密性。

3. 系统柜的运用让空间显得优雅、大气，同时也整合了空间，让各功能区既独立又统一。

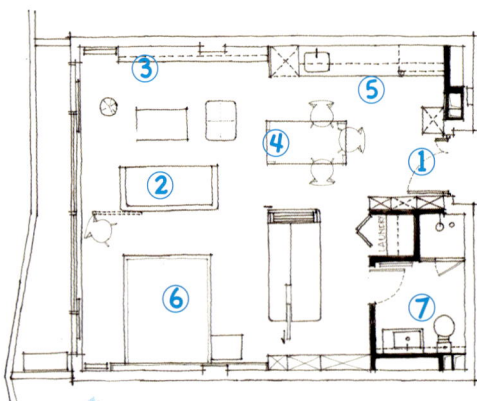

① 玄关
② 沙发区
③ 视听区
④ 用餐区
⑤ 厨房
⑥ 卧室
⑦ 卫浴间

客　厅：
电视墙：壁纸
地　面：复合地板
厨　房：整体橱柜、
　　　　黑色背漆钢化玻璃
卧　室：天然竹板墙面、
　　　　乳白色烤漆柜门
卫　浴：炻制地砖、镜面

50m²

CASE.1
电视墙上面的空间如果留白会显得单调，同时也是一种资源浪费，现结合电视柜设置陈列柜，柜内可以放置 CD 等小物品，上方的置物台也可以结合起来摆放物品，既可储物又可展示。

CASE.2
将可以移动的门片拉开，就可以躺在床上看电视了。这样的设计让空间生出几分开阔、大气的感觉。

CASE.3
整面墙的玻璃保证了室内的采光，同时也将室外的风景收入室内，即便足不出户，亦有景观可赏。

光洁的材料组合在一起便会形成不同的反光，让这个注重干净的空间看上去更加洁净无瑕。

CASE.5

简易的木架与玻璃面组合成最简洁的餐桌，搭配个性座椅，空间气质立马上升了一个高度。

CASE.6

在这一段用玻璃做隔断的展示空间中，设计师发挥其创意天赋，用最朴实的藤枝来装饰空间。

自然光线穿透房间进入到这个空间，映照出忙碌的身影，任谁看到这样的场景，都会觉得温馨和感动，这就是家带给人的感觉。

CASE.7

"家" 究竟是身体的空间，还是心灵的空间？如果对这个问题有了自己的见解，尺度似乎就不再成为一种限制。设计可以让居住品质超越尺度，毕竟"拥有"与"体会拥有"是两种截然不同的境界。这是设计师多年职业生涯中唯一一次为自己所做的设计，可以不用烦恼如何说服客户自由地发挥。空间采用"ONE SPACE LIVING"的概念，利用率得到优化。室内材质、构造节点、照明布置各方面都有极简主义试验性的尝试。活动家具的选配更是一场挑战耐性的"持久战"。最终的结果是在小空间里实现了大主张，因为这里不但是身体的空间，也是心灵的空间。

安刚：现任天晓寰球建筑装饰工程有限公司设计总监，北京工业大学工学学士，澳大利亚悉尼科技大学设计与建筑学院设计硕士，作品常刊登于国内外杂志与书籍中。

设计师风采

CASE.8

用环保天然竹板打造的墙面流露出自然、温馨的气息，让接近的人感受自然的亲近与舒适。

光之惑

居室档案

地　　点：肇庆
成　　员：1人
面　　积：40平方米
设计风格：时尚简约风
空间格局：2房1厅1厨1卫
装修费用：7万
装修工期：54天

设计要点：

1. 入口左边是开放式厨房，右边是镜钢打造的封闭式卫浴间，这样的设计让空间一目了然，有一种通透的感觉，不但实现了空间的畅通无阻，通风、采光也亦然。

2. 设计师用流畅的直线条将空间划分为不同的功能区，设有了柔和的线条，反而增添了几分刚性气质。

3. 整个空间几乎都是以白色调来打造的，让人在感受简明、干净之外，还提升了空间的明亮度。

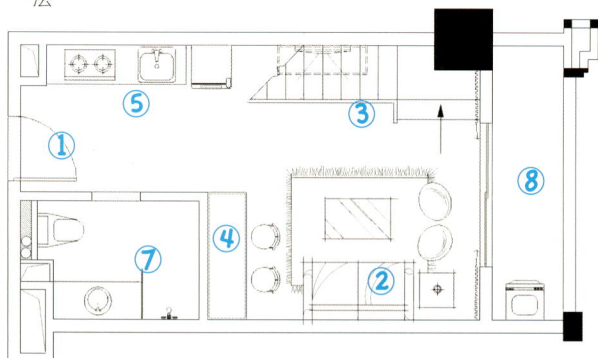

一层

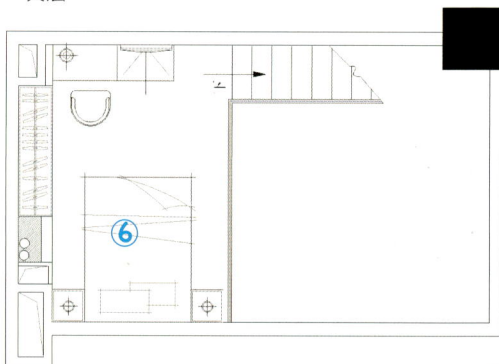

夹层

①玄关
②沙发区
③视听区
④用餐区
⑤厨房
⑥卧室
⑦卫浴间
⑧阳台

40m²

客厅：
沙发墙：乳胶漆
地　面：抛光砖
卫浴： 抛釉砖
楼梯： 爵士白石板

CASE.1

硬质铺装的楼梯打造出一道坚实、厚重的桥梁，沟通了上下空间，在朴质的空间里书写了浓重的一笔。

CASE.2

不锈钢拉丝让这个墙面显示出镜面般的特性，金属般的光泽和镜面的反光让其呈现出非凡的质感，也让空间更显迷离、梦幻。

在朴实的空间里运用好的灯光设计同样也能扮靓空间，在这里，利用灯光营造出波浪状的起伏的光晕，丰富了空间表情。

CASE.3

CASE.4

米色的沙发和浅色木茶几打造出一个素雅的客厅，流露出淡淡的温馨、雅致。

CASE.5

不同的空间运用不同的灯光，在这里，精心挑选的灯罩将强光转化为适宜眼睛的光线，营造出温馨之感。

白色、灰色双层幔帘将阳台隔离在外，闲暇之时，拉开帘子，让室外的风光进驻室内，也别有一番风情。

CASE.6

设计师风采

邹志雄：广州方纬装饰有限公司设计总监，清华大学建筑与设计创作专业研究生，国家注册高级室内设计师，作品常发表于各大媒体。

虽然这个公寓只有40平方米，但是每一个功能区都经过设计师的精心打造。这样的小户型作为单身公寓是最好的选择，对于追求生活质量和讲究生活品质的都市白领来说，这样的户型在经济和结构上都能被接受。"麻雀虽小，五脏俱全"，在这个公寓中还有一个小小的阳台，对于都市人群来说，没有什么比这个来得更舒心了，在都市方正的规划和方正的室内"盒子"的双重压力下，人们对于封闭的空间已产生一种极度的恐惧和厌恶，于是阳台便成为空间的一个出口，让人有喘口气的空间，哪怕只是小小的一角，也能宽慰人心。

CASE.7

黑色烤漆的面砖让整个空间显示出浓重的质感，搭配白色洁具和镜面，酷感十足。

小空间大收纳

居室档案

地　　点：东莞
成　　员：2 人
面　　积：76 平方米
设计风格：现代简约风
空间格局：2 房 2 厅 1 厨 1 卫 1 阳台
装修费用：9 万
装修工期：58 天

设计要点：

1. 在这个面积不大的住宅里，设计师运用其独特的处理方式让空间产生放大效果，在视觉上改观了小面积住宅的逼仄感，让人感受到精品豪宅的华丽与大气。

2. 黑色调让空间显得酷感十足，同时也提升了空间质感，让空间流露出不同于小户型的奢华气质。

3. 反光材料的大量运用既提升了空间的光照度，又让空间产生放大的效果，营造出大空间的视觉感受。

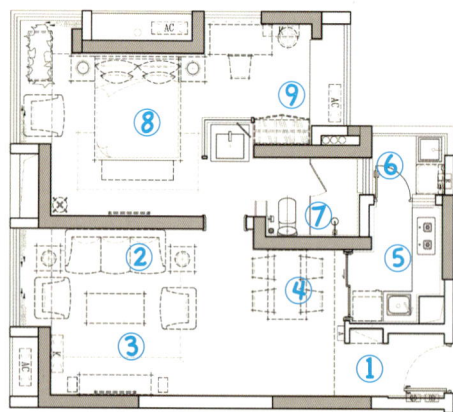

① 玄关
② 沙发区
③ 视听区
④ 用餐区
⑤ 厨房
⑥ 阳台
⑦ 浴室
⑧ 卧室
⑨ 书房兼衣帽间

客 厅：
电视墙：6mm 黑镜、
　　　　304 型拉丝不锈钢、
　　　　黑胡桃木实木条
地　面：黑木纹石材
厨 房：灰木纹石材墙面
卧 室：紫檀木地板、牛皮硬包
卫 浴：白芝麻石材洗手台、
　　　　黑色烤漆玻璃、6mm 清镜

76m²

CASE.1
灰色的墙纸上用同样灰色的壁画来装饰，银色的立体装饰呈现出水银般的质感，让人感觉个性而新奇。

CASE.3
黑色的皮沙发在灰色空间里呈现出非凡的气质，为打造大空间视觉效果营造了很好的氛围。

CASE.2
黑色的古典吊灯与墙面上的金属镜装饰组合在一起，让空间呈现出流光溢彩的华丽感。

CASE.4
客厅里采用了一整面木饰面嵌黑镜的墙，为打造大空间视觉效果创造了很好的条件，同时也体现出空间的优雅气质。

在 小空间里想要营造出大空间的视觉，除了有效地使用具有反射作用的材料外，重复使用同一种材料也能达到相应的效果。本案以现代简约为设计风格，采用统一的黑色来提升空间的质感。设计师将空间里的一整面木饰面墙用嵌黑镜的手法统一装饰，以此达到放大空间的目的。此外，在对面的主墙上采用简单的墙纸装饰，色彩上运用亮色来平衡空间的整体色调。大胆的创意使空间有了精品豪宅的视觉效果，让人在入室的刹那就能感受到空间设计的大手笔。

整个空间沿用黑色主调，优雅的古典吊灯搭配黑色餐桌椅以及墙上的金属镜装饰，欧式奢华气质尽显无遗。

CASE.5

黑色的餐桌椅配合空间黑色主调，让小空间呈现出大空间的视觉效果，华丽与大气尽显无遗。

CASE.6

CASE.7

临窗的浴缸让空间增添了几分情趣，怪石形状的外观也让空间更显个性。

黑白间色的沙发躺椅营造出兽皮般的质感，为空间增添了几分野性气质。

CASE.8

韩松：现任深圳市昊泽空间设计有限公司总经理及设计总监，1997年毕业于湖北美术学院环境艺术及室内设计系。

设计师风采

墙角用隔板分隔出上下空间，上面部分作为储物空间使用，下面则作为梳妆台或读书台面，飘窗部分也因此显得静谧而温馨。

CASE.9

大幅的玻璃窗为暗色调的空间提供了大量的光照，降低了幽暗的感觉，让空间平添了几分奢华气息。

CASE.10

万科第五公寓

设计要点:

1. 在这个小空间里, 设计师运用偏暗的色调营造出一种低调的时尚, 搭配木饰面, 更显温馨与自然。

2. 不同以往的空间格局让空间流露出个性气质, 让小空间也能随心所欲地表达自己的个性与追求。

3. 镜面材料的运用让空间产生迷离错乱的感觉, 同时延伸了空间感; 原木材料的运用则让空间流露出温馨、自然的气息, 让人从心里想要亲近它, 亲近家。

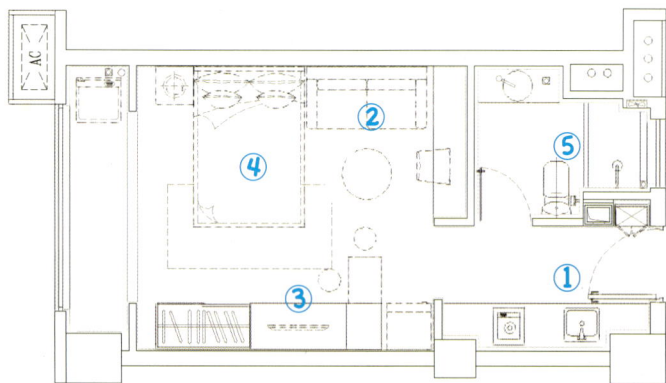

① 玄关
② 沙发区
③ 视听区
④ 卧室
⑤ 卫浴间

客厅:
电视墙: 肌理墙纸、定做系统柜
沙发墙: 收纳搁板、肌理墙纸
地　面: 实木地板
卧室: 肌理墙纸、
实木地板地面

40m²

CASE.1

小小的客厅以暗色调打造稳重的视觉效果,加上背景墙上简易的隔板设计,更显简约、优雅。
斑马纹的布帘将室外的风光隔绝在外,拉开窗帘,提升了空间的采光度,同时也将室外的风景纳入室内,让人足不出户便能欣赏无边的美景。

CASE.2

格子状的床品搭配木饰面,带给人优雅、朴实的感觉,让人感受到贴心、舒适的家居生活。

CASE.3

白色的搁板在墙面上自成一道风景,丰富墙面形态的同时也起到了一定的收纳作用。

与电视柜连体的书桌以素净、简洁的形式呈现，打造小空间里的大气视觉效果。

原木的电视柜将电视背景墙装点得满满当当，书桌和衣柜也有了依存，让收纳和陈列都有了好的归宿。

暗色的瓷砖将灶台与橱柜间的墙面装饰一新，搭配一些小型盆栽，显得别致而生趣，让空间生机勃勃。

韩松：现任深圳市昊泽空间设计有限公司设计总监，深圳市优秀设计师，中国装饰协会中级室内设计师。 **设计师风采**

马赛克与木饰面共同打造出一个时尚卫浴，发散状的灯光让空间呈现出流光溢彩的景象。

CASE.7

这是一个面积仅为40平方米的单身公寓，是长方形带阳台的户型结构。设计师在入口处用实木板隔离出一个独立的卫浴间，另外一边则是开放式的厨房。不同于以往入户的客厅设计，在这个案例中，卫生间的门对着睡床，这样的设计让卫浴间和卧室自成一体，形成一个带卫浴的主卧式结构，乍看之下会感觉这是一个独立的房型，旁边的暗色沙发则成为配角，变为休闲区里的一个角色。这样的设计让人体验不同于小户型的华丽与优越，让人感到新奇。

信义路

居室档案

地　　点：中国台湾
成　　员：夫妻 +1 小孩
面　　积：36 平方米
设计风格：现代简约风
空间格局：2 房 1 厅 1 厨 1 卫
装修费用：6 万
装修工期：30 天

设计要点：

1. 设计师利用房屋挑高 4.2 米的优势，将夹层设置在开放式厨房与玄关上方，客厅空间藉由挑高优势，展现宽敞、大气氛围。

2. 特殊的钢构夹层加上透明强化玻璃的穿透感，让夹层的存在完全没有压迫感；客厅空间则保留了大面积落地窗，将窗外景致纳入室内。

3. 屋主收藏的近千张光盘有条不紊地摆放在客厅电视墙两侧高耸的柜体内，搭配铁梯，方便取放。

一层　　　　　　　　　　二层

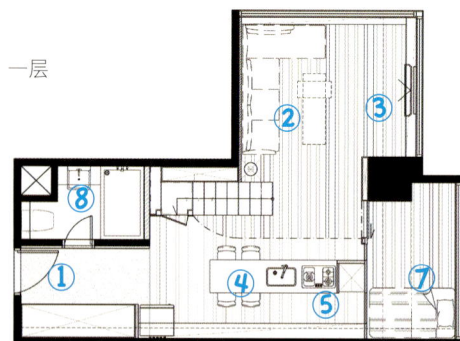

① 玄关
② 沙发区
③ 视听区
④ 用餐区
⑤ 厨房
⑥ 卧室
⑦ 小孩房
⑧ 卫浴

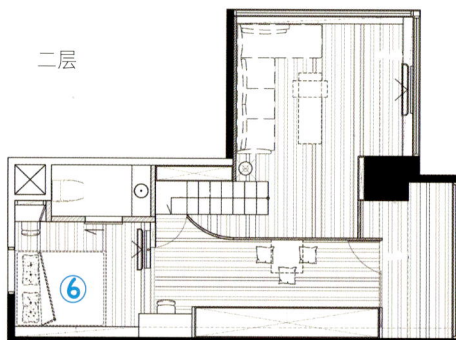

36m²

客 厅：
电视墙：进口文化石壁纸、
　　　　定做收纳柜、
　　　　木皮
沙发墙：镜面
地　面：超耐磨地板
卧 室：盘多磨地板地面

CASE.1
电视墙两侧高耸的柜体是屋主收藏的近千张光盘的所在，人性化的铁梯方便了屋主的取放。

CASE.2

大面积的玻璃墙让室外的风景尽入视线，在靠窗的位置，不管是玩乐还是处理未完的工作，都会是一种享受。

CASE.3

富有个性的装饰画、玻璃柜门展现出来的错乱感组合在一起，让空间充满了艺术化气息。

CASE.4

沙发旁边的空间原来是整面墙的储物空间，上下各有规划，完美地解决了收纳不美观的既定印象。

CASE.5

不规则形状的地毯在空间里散发出野性的味道，让空间充满张力。

在广告公司任职的屋主，为了上班便利，特意在精华地段购置了能容纳一家三口的小套房，此外，还有近千张的光盘需要收纳。在拥有大面积采光的条件下，女主人希望加强情境、光源、美化场域，让每位家庭成员在各自的独立空间内，都能够享受到家的温暖。设计师利用房屋本来 4.2 米的挑高，在客厅电视墙两侧规划出高耸的柜体，并搭配铁梯方便取放。活用属于过道空间的楼梯转角，设置了大小收纳柜，既不影响平日作息活动，又解决了大容量的收纳问题，小机关一物多用，不着痕迹地将收纳归于无形。

CASE.6

简洁的台面打造出一个简约、时尚的餐桌，闲暇时作为吧台来使用也未尝不可，别有一番滋味。

吴建宏：现任研宇整合设计有限公司主持设计师，擅长旧屋翻新、小面积空间及特殊格局的设计，对现代极简与个性自然的家居设计有独到的见解。

设计师风采

CASE.7

楼梯转角设置大小收纳柜，既不影响平日作息活动，也解决了小空间大容量的收纳问题。鞋柜之中也是另有玄机的，阖上时是玄关展示台，打开时却连保险箱都能藏下，不着痕迹地将收纳归于无形。

CASE.8

巧克力色的整体壁柜是空间一大亮点，它将收纳归于无形，同时也保证了墙面的完整性。

CASE.9

室内一些看似不起眼的小装饰，却有着别具一格的装饰效果，既不占空间，又显现出了空间的气质与品位。

CASE.10

仔细看看，这些东西全部都是家庭实用物品，但是如果运用得好，它们同样可以成为修饰空间的大功臣。

恋上你的颜色

居室档案

地　　点：成都
成　　员：2人
面　　积：50平方米
设计风格：创意混搭风
空间格局：1房2厅1厨1卫2阳台
装修费用：5.5万
装修工期：65天

设计要点：

1. 地中海的天空、海洋、沙滩，那种空气中都飘浮着您闲味道的蓝色与白色在空间中无处不在，好像薄纱一般轻柔，让人感到自由自在、心胸开阔。这便是设计的原意，也是屋主向往的生活。

2. 为了表达地中海的感觉，设计师进行了大胆的尝试，并亲自动手参与其中的小细节处理，拥有真实体验的设计，会更加人性化，也更有人情味。

3. 在颜色的搭配上，设计师也进行了大胆的尝试，主色调保持温暖、明亮，在配色上按照喜好走，这样家的感觉便会更浓厚。

平面布置图

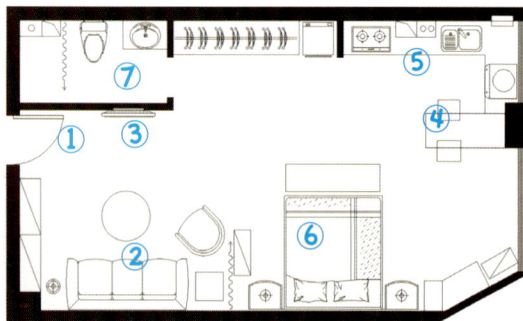

① 玄关
② 沙发区
③ 视听区
④ 用餐区
⑤ 厨房
⑥ 卧室
⑦ 卫浴间

原始平面图

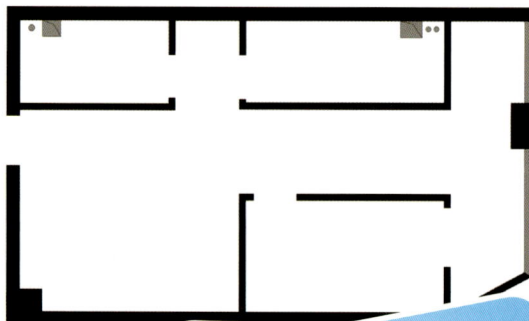

50m²

客　厅：
沙发墙：墙漆
地　面：仿古地砖
厨　房：墙漆、方格砖
卧　室：墙纸
卫　浴：仿马赛克砖墙面、
　　　　防滑砖地面

CASE.1
做旧的木柜、蓝漆的陈列柜及有着可爱涂鸦的信箱装饰，把空间的氛围推向一个高潮，让人沉浸在碧海蓝天的想象中不愿醒来。

CASE.2

红色、黄色的漆面墙让人一看就想到人工操作的现场，未经雕琢的墙面呈现凹凸不平的质感，平添出几分稚气。

CASE.3
红色、蓝色可以说是对比色，在这里的混搭使用让人有了尝试的勇气，也带给空间明快、亮丽的感觉。

CASE.4
桃形的门洞让大型电器有了明确的归属之地，这样的布置既保证了墙面的完整性，又为空间增添了几分趣味性。

CASE.5
仿古砖的运用让空间生出了几分乡村烟火气息，搭配彩色的三角形贴边，在自然、朴实的基础上平添了几分时尚的味道。

设计师跟屋主沟通之后，拆除了大部分的墙体，也拆除了束缚心灵的种种约束。屋主非常向往地中海风格家居所表述的感觉，于是设计师参照他们的感觉，又进行了一些大胆的尝试，比如自己动手给鞋柜、衣柜、床头柜等家具刷漆，包括墙壁上的乳胶漆。做旧也好，仿古也罢，朴素甚至有些笨拙的手工活，颜色的随意搭配……这些都隐含着家庭的韵味，有爱才有家，有家才更有爱。

军绿色的餐桌与红砖桌腿共同打造出一种朴实的、接近自然的原始风味，让用餐环境更具亲和力。

CASE.6

不同的蓝带给人不同的心理感受，深色的蓝下沉给人清凉的感觉，浅色的蓝上升带给人心旷神怡的感觉。

蓝色的瓷砖夹在黄色墙面上，如同缓缓上升的水汽，又像是跃动的旋律，带给人美妙的想象与感受。

CASE.7

廖志强，张静：现任之境室内设计事务所设计总监与创意总监，近年来的大部分作品都发表于各种专业的杂志与书籍中。

设计师风采

CASE.8 铁艺镂花床架与白色的纱帐是最浪漫的组合，让这个有着蓝天、白云、碧海、白纱的空间，更显清新与飘逸。

居室档案

地　　点：武汉
成　　员：1人
面　　积：35平方米
设计风格：自然简约风
空间格局：1房1厅1书房1厨1卫
装修费用：4万
装修工期：33天

恋之京华

设计要点：

1. 如今的80后已经收起锋锐的爪牙，去寻找属于自己的安宁与归宿，他们对家的要求很高，因为他们缺乏安稳感，所以居家的氛围应以温馨为主，个性为辅，营造出优雅、时尚的品位。

2. 居家空间是一个绝对独立的专属空间，所以此空间不要隔断，不要围墙，去掉一切繁琐的形式，只保留最基本的形态，而这就是最美的。

3. 简洁的线条搭配风格简明的家具，使空间显得简单而明快，再加上灯光的设计，真正是房如其人：明快而干练。

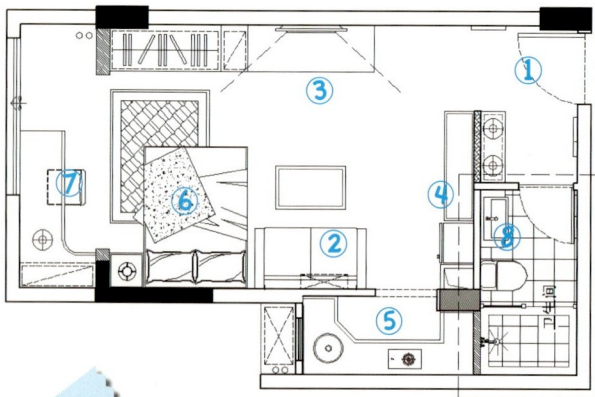

① 玄关
② 沙发区
③ 视听区
④ 用餐区
⑤ 厨房
⑥ 卧室
⑦ 书房
⑧ 浴室

35m²

玄　关：实木收纳柜、黑镜
客　厅：
电视墙：肌理墙纸
沙发墙：肌理墙纸、挂画
地　面：高档的木纹砖
卫　浴：仿石纹砖

米色的柜体是餐厅的所在，光洁的台面可以作为餐台和吧台使用，下面的柜体也可以作为书柜和陈列柜使用，最下面的柜则是小物品的收纳地。

CASE.1

CASE.2

床头灯打开，晕染出一片温馨的氛围，同时在墙上形成的光晕，也是一道亮丽的风景。

沙发背景墙用不同规格的相框装饰，让单调的墙面变得丰富、生动起来，如果相片够精彩，还可以形成一面艺术墙。

CASE.3

灰色调的双人沙发既不占空间，又不会显得小，配合着空间的整体氛围，显出宁静、雅致的气质。

CASE.4

因为厨房跟客厅靠近,所以将厨房单独置于一个空间,既保证了空气的流通性,也让空间格局显得更明晰。

CASE.5

本案为小户型精装修样板间,根据其楼盘销售对象的定位,用更注重软装设计的手法体现出精装小户型的实用性,在设计上强调时尚、轻松与活力。墙面采用暖色系墙纸与木地板形成呼应,茶镜的使用从视觉上扩大了空间。"少亦是多"的精神贯穿整个空间,营造出舒适、温馨、充满生活气息的氛围。没有太多的着墨,却依然散发出一股优雅的气质。

张纪中:现任张纪中室内建筑设计设计总监,资深室内设计师,武汉 2007 年度十大最具影响力设计师及十大最具实力设计师之一。

设计师风采

床的对面是大幅的茶色玻璃，拉开玻璃门，里面便是衣柜的所在，也是空间收纳的所在。

CASE.6

浅棕色的床品呈现出咖啡般的温润感受，静静地，似乎还能感受到咖啡的香气和氤氲的氛围。

CASE.7